Nur für den Dienstgebrauch!

KATHODENSTRAHLRÖHRE

Heft 1

Aufbau und Wirkungsweise der Kathodenstrahlröhre

Phasenbildreihe

Berlin, November 1944

Oberkommando der Kriegsmarine

MDv 783c

PHASENBILDREIHEN

Phasenbildreihen stellen den Ablauf von Vorgängen in einer Vielzahl von Bildern dar, die in Druck wiedergegeben sind. Auch beim Lehrfilm und beim stehenden Lichtbild werden natürlich „Phasen“ dargeboten, aber das Bild verschwindet nach einer bestimmten Zeit wieder und hinterläßt einen in seiner Dauer verschieden starken und anhaltenden Eindruck. Vor allem wird das der Fall sein, wenn es sich um Bilder handelt, die viele Einzelheiten enthalten. Demjenigen, der das im Bild Dargebotene so verarbeiten soll, damit es zum gesicherten Wissen wird, sollen die Hefte der Phasenbildreihen helfen.

Der Text begleitet im Gegensatz zu der üblichen Buchausstattung lediglich in knapper, jedoch ausreichender Form die von Stufe zu Stufe des Geschehens fortschreitenden Bilder, deren ununterbrochene, straff aufgezogene Folge ein sicheres Erarbeiten des Stoffgebietes ermöglicht. In den einzelnen Bildern wird dabei stets nur das für das Verständnis des Ablaufes Erforderliche und Wesentliche gezeigt und dadurch jede Ablenkung vermieden.

Die Phasenbilder werden gleichzeitig als Zelldias 8,5 × 10 cm herausgebracht, wodurch sie auch in größeren Kreisen vorgeführt werden können. Zelldias sind im Ozalidverfahren auf Zellofan gebrachte Fotos. Sie sind unzerbrechlich, widerstandsfähig gegen äußere Einflüsse und können außerordentlich raumsparend verpackt werden.

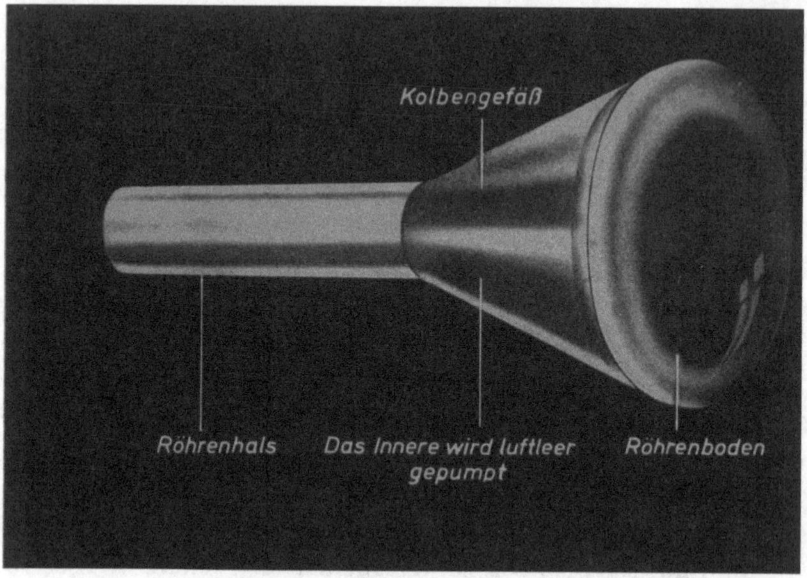
Kolbengefäß
Röhrenhals
Das Innere wird luftleer gepumpt
Röhrenboden

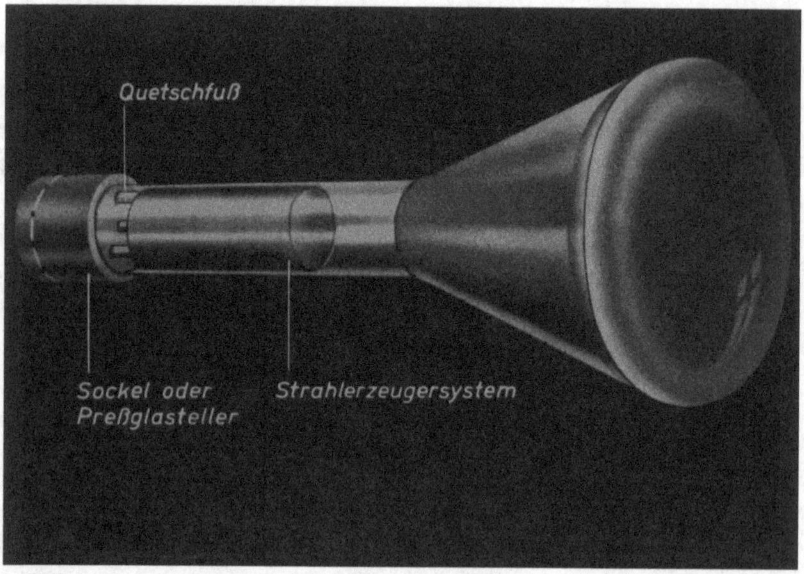
Quetschfuß
Sockel oder Preßglasteller
Strahlerzeugersystem

1 Die wesentlichen Bauteile der Röhre sind:

Der Glaskolben, ein luftleergepumptes Glasgefäß, das aus Röhrenhals, Kolbengefäß und Röhrenboden besteht.

2 Das Strahlerzeugungssystem, welches am Sockel der Röhre befestigt ist und zur Erzeugung der Elektronen sowie zur Zusammenfassung der Elektronenbahnen zu einem scharf gebündelten Strahl dient.

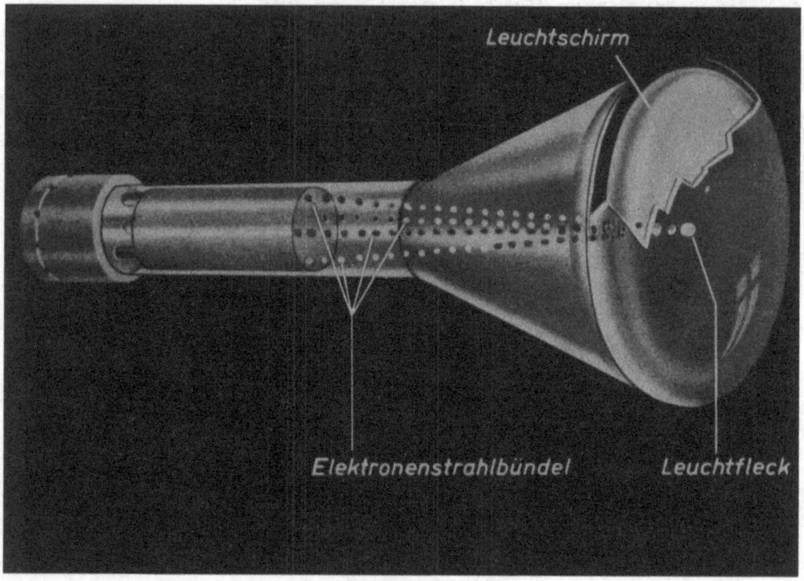
Leuchtschirm
Elektronenstrahlbündel
Leuchtfleck

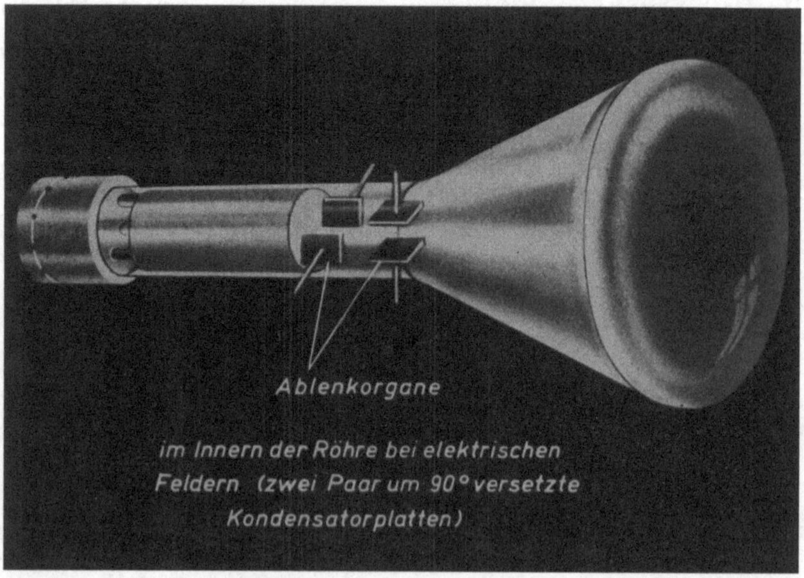
Ablenkorgane
im Innern der Röhre bei elektrischen
Feldern (zwei Paar um 90° versetzte
Kondensatorplatten)

3 Der Leuchtschirm, der aus Leuchtsubstanzen besteht, die auf dem Röhrenboden aufgebracht werden und beim Aufprall des Elektronenstrahlbündels einen hellen Brennfleck, den sogenannten Leuchtfleck, erzeugen. In dem Grundstoff der Leuchtsubstanz sind geringe Mengen eines Metalles eingelagert, von welchem die Leuchtfarbe und die Dauer des Nachleuchtens abhängen.

4 Die Ablenkorgane, die in der Regel aus zwei Paaren von um 90° versetzten Kondensatorplatten bestehen und mit Hilfe von elektrischen Feldern den Leuchtfleck auf dem Leuchtschirm bewegen können.

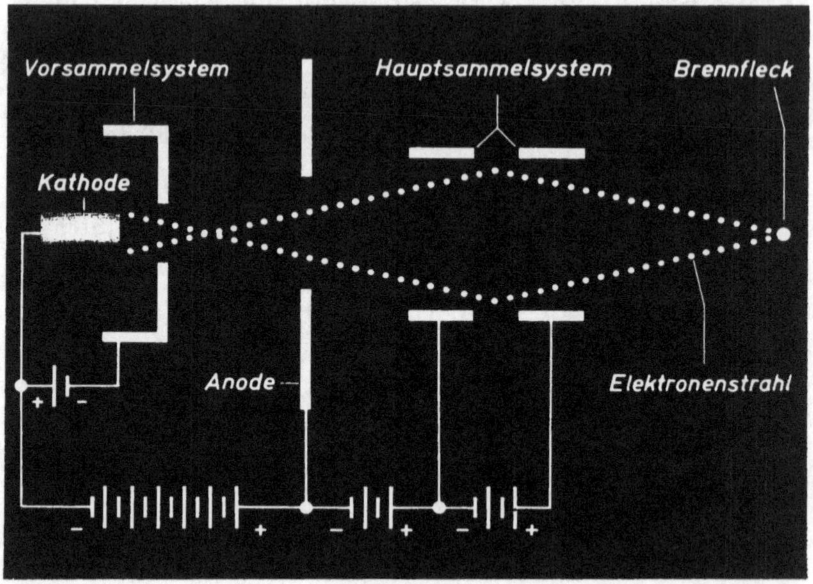
Vorsammelsystem
Hauptsammelsystem
Brennfleck
Kathode
Anode
Elektronenstrahl

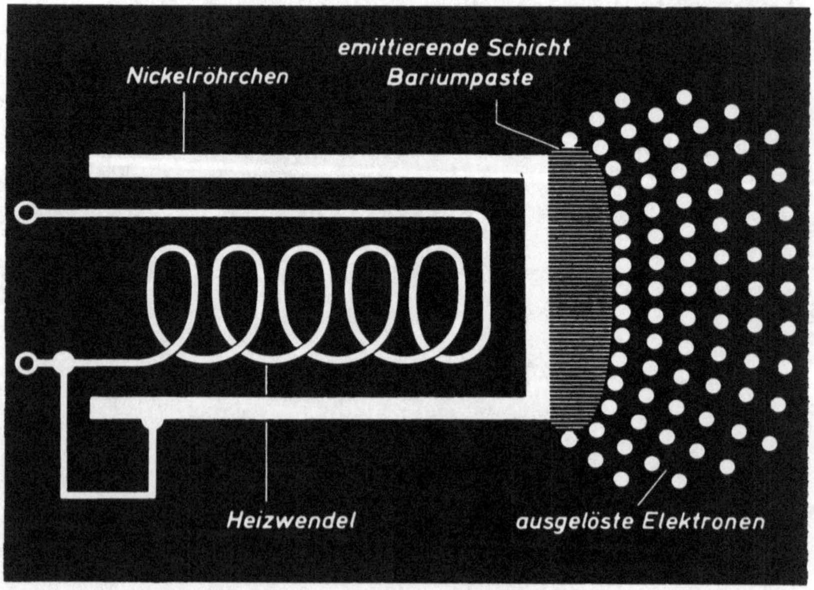
emittierende Schicht
Bariumpaste
Nickelröhrchen
Heizwendel
ausgelöste Elektronen

5 Das Strahlerzeugungssystem besteht aus:

a) der Kathode, welche die Elektronen emittiert,
b) dem Vorsammelsystem, welches die aus der Kathode austretenden Elektronen sammelt,
c) der Anode, welche die Elektronen beschleunigt,
d) dem Hauptsammelsystem, welches die Elektronenstrahlen so bündelt, daß sie sich auf dem Leuchtschirm treffen.

6 Die Kathode wird indirekt geheizt durch eine von einem Nickelröhrchen umgebene Wendel. An der Stirnfläche trägt das Röhrchen eine Bariumpaste, welche bei Erwärmung Elektronen emittiert.

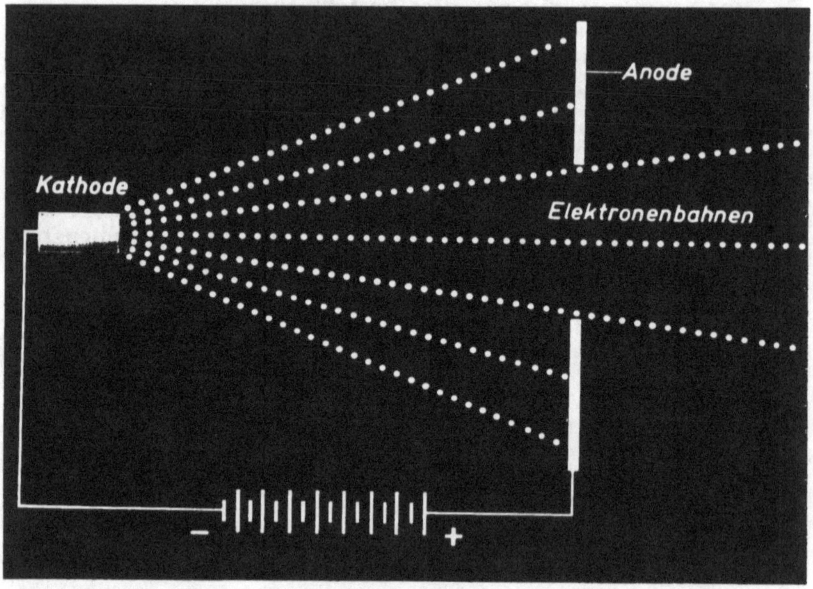

Anode
Kathode
Elektronenbahnen
–
+

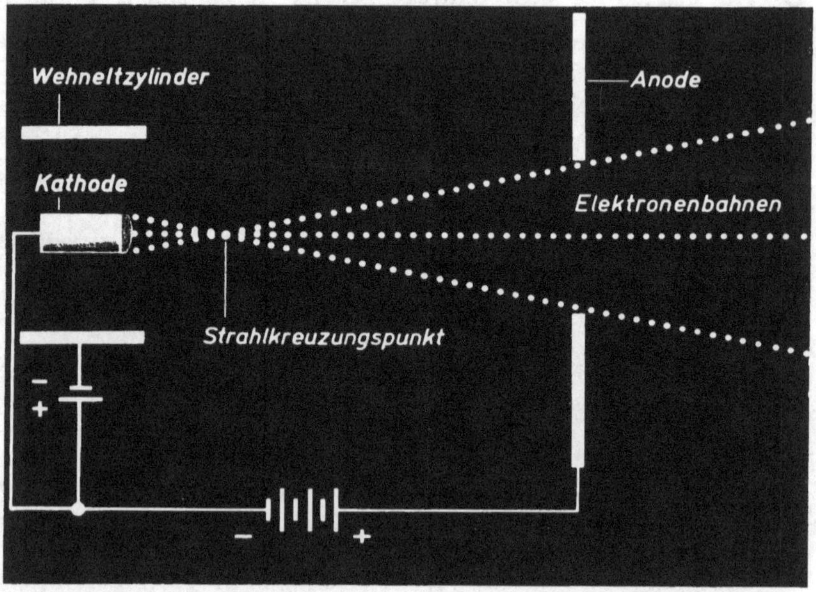

Wehneltzylinder
Anode
Kathode
Elektronenbahnen
Strahlkreuzungspunkt
–
+
–
+

7 Die Anode ist eine Lochscheibe, an welcher eine gegen die Kathode hohe positive Spannung liegt. Durch diese werden die Elektronen beschleunigt, so daß ein Teil von ihnen auf die Anode fällt und den Ancdenstrom bildet.

Ein anderer Teil der Elektronen trifft durch die Öffnung und fliegt dann mit gleichbleibender Geschwindigkeit weiter auf den Leuchtschirm zu. Je größer die Anodenspannung ist, um so größer wird die Geschwindigkeit der Elektronen. Die Elektronenbahnen streben auseinander. Um sie zu einem Strahl zu konzentrieren, muß man sie durch besondere Maßnahmen bündeln.

8 Als Vorsammelsystem dient beispielsweise ein Wehnelt-Zylinder, welcher die Kathode umgibt und gegen diese negative Spannung besitzt. Er hat die Aufgabe, die Elektronenbahnen in einem Strahlkreuzungspunkt zusammenzufassen; das wird durch die negative Spannung erreicht, durch welche die Elektronen vom Zylinder abgestoßen und nach der Achse hin zusammengedrängt werden. Diese Vorkonzentration ist wichtig, weil nur die von einem Punkt ausgehenden Strahlen auch wieder in einem Punkt des Leuchtschirmes vereinigt werden können.

Der Wehnelt-Zylinder hat aber noch eine andere Aufgabe. Durch Verändern seiner negativen Vorspannung kann man die Stärke des Elektronenstrahles regulieren und damit auch die Helligkeit des Leuchtfleckes auf dem Leuchtschirm. Je stärker der Elektronenstrahl, um so heller der Leuchtfleck. Je größer die negative Spannung ist, um so kleiner wird der Elektronenstrom. Bei sehr großer negativer Spannung des Wehnelt-Zylinders verschwindet der Elektronenstrom und die Elektronen werden wieder auf die Kathode zurückgetrieben.

Wegen dieser Möglichkeit, die Stärke des Elektronenstrahles zu steuern, wird diese Vorkonzentrationselektrode auch Steuerelektrode genannt.

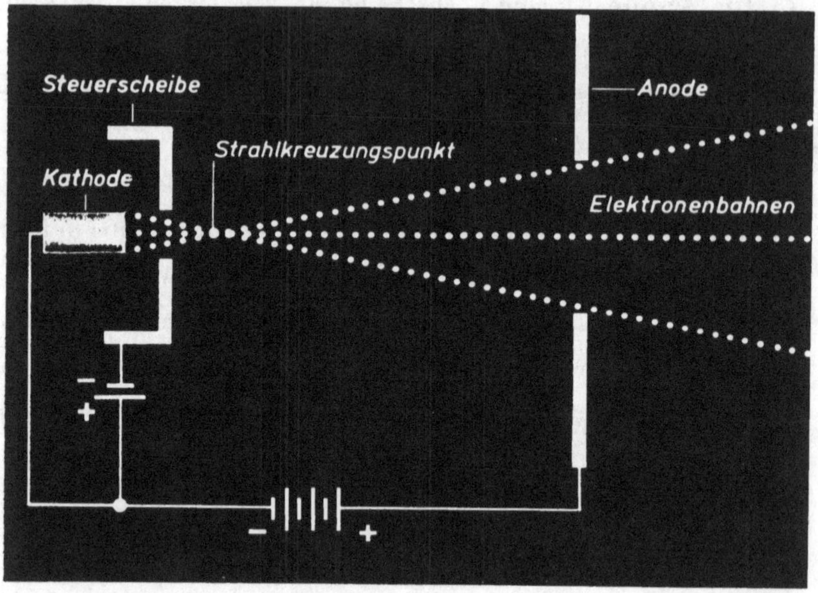
Steuerscheibe
Anode
Strahlkreuzungspunkt
Kathode
Elektronenbahnen
–
+
–
+

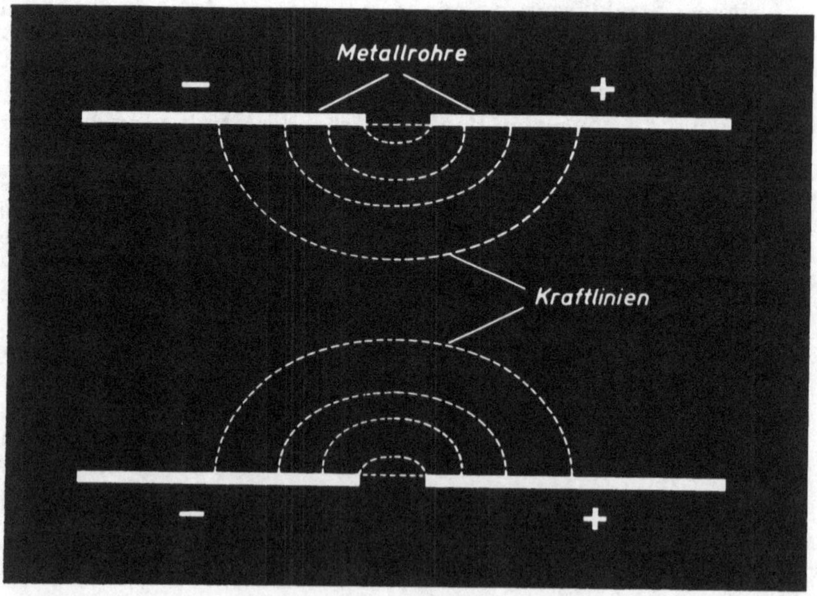
Metallrohre
–
+
Kraftlinien
–
+

9 An der Stelle des Wehnelt-Zylinders verwendet man als Vorsammelsystem und Steuerelektrode neuerdings häufig eine sogenannte Steuerscheibe.

10 Als Hauptsammelsystem dient eine Vorrichtung, welche elektrische Sammellinse genannt wird und aus zwei nebeneinanderstehenden Zylindern besteht, zwischen denen eine Spannung liegt, und zwar so, daß die positive Spannung an derjenigen Seite liegt, welche von der Kathode weiter entfernt ist. Durch diese beiden Zylinder fliegen nun die Elektronen, die durch die Öffnung der Anodenscheibe gelangen. Da die Elektronen negativ geladene Teilchen sind, werden sie von dem elektrischen Feld zwischen den beiden Zylindern der Sammellinse beeinflußt. Das elektrische Feld zwischen den beiden Zylindern können wir durch elektrische Kraftlinien darstellen, diese spannen sich bogenförmig von den negativen Ladungen des linken Zylinders zu den positiven des rechten Zylinders.

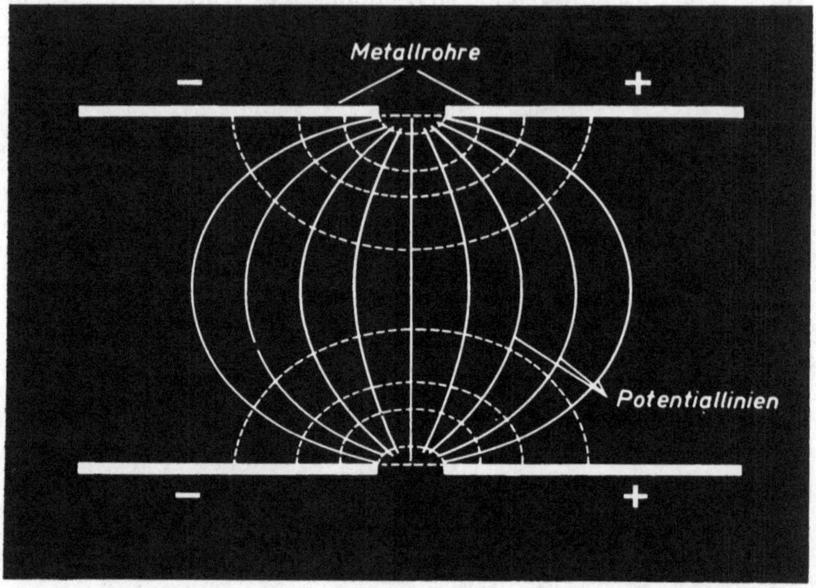
Metallrohre
–
+
Potentiallinien
–
+

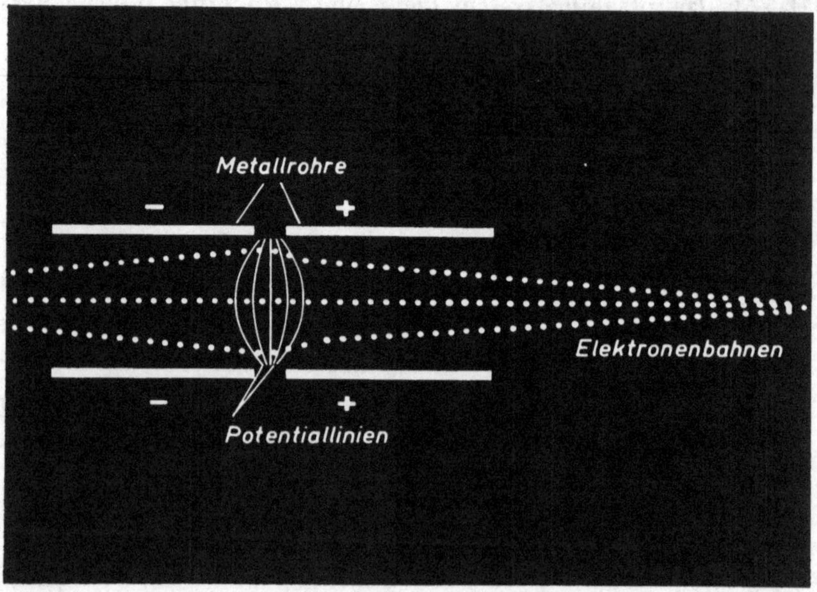
Metallrohre
–
+
Elektronenbahnen
–
+
Potentiallinien

11 Zeichnet man in das Kraftlinienfeld solche Linien hinein, welche die Kraftlinien überall senkrecht schneiden, so ist auf diesen Linien die Spannung überall dieselbe, es sind Linien gleicher Spannung, weil zwischen einzelnen Punkten einer solchen Linie keine Kraftlinien verlaufen, also keine Spannungen bestehen. Solche Linien gleicher Spannung heißen Äquipotentiallinien.

12 Betrachten wir das System von Äquipotentiallinien, so fällt schon äußerlich die Ähnlichkeit mit einer Linse ins Auge. Tatsächlich werden die Elektronenstrahlen durch ein solches System gesammelt, genau so wie die Lichtstrahlen in einer Sammellinse. Die sammelnde Wirkung können wir in unserem Falle sehr einfach erklären. Die Elektronen fliegen in der Richtung der höheren Spannung. Sie fallen gewissermaßen durch das elektrische Feld, wie ein Stein zur Erde fällt. Mit diesem Gleichnis können wir arbeiten.

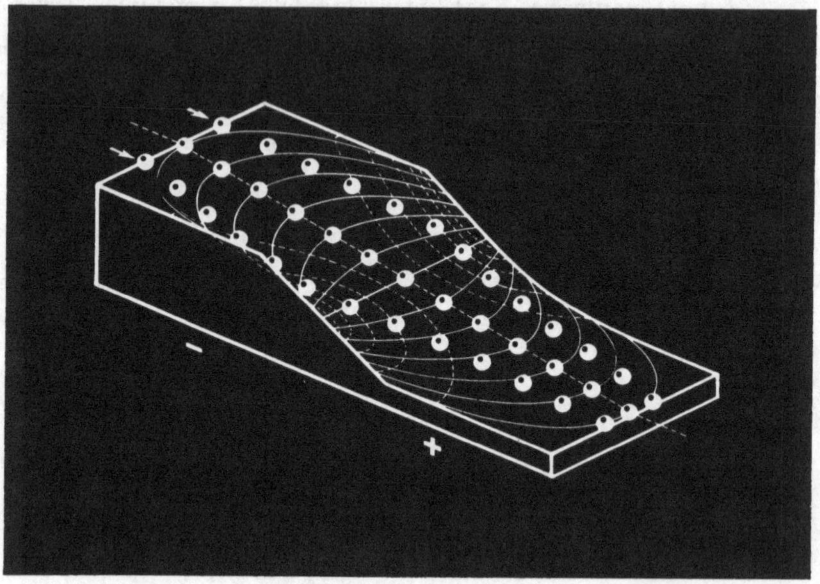

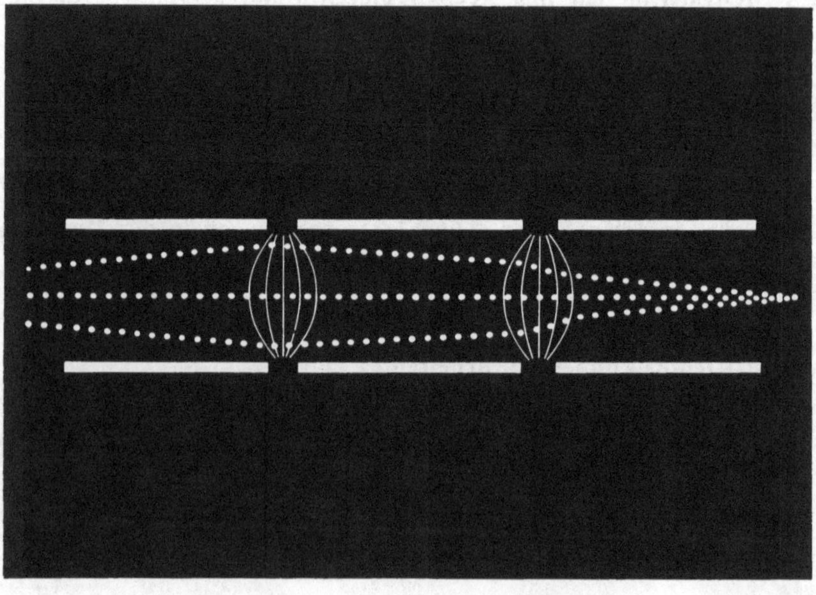

13 Wir können dieses System von Äquipotentiallinien als Treppe von unendlich kleinen Stufen ansehen, wobei das negative Potential „oben“ und das positive „unten“ bedeutet. Die Elektronen können wir nun als Kugeln betrachten, welche diese merkwürdig geformte Treppe hinunterrollen. Ein Blick auf das Bild lehrt sofort, daß die links anrollenden Kugeln, selbst wenn ihre Bahnen auseinanderstreben, durch das Hinabrollen durch die bogenförmige Mulde stark konzentriert werden. Unten angekommen, rollen sie dann mit der Geschwindigkeit, die sie erlangt haben, weiter. Und zwar alle in der Richtung auf den Leuchtfleck zu.

14 Man kann das Elektronenstrahlbündel auch durch mehrere solche elektrische Linsen laufen lassen.

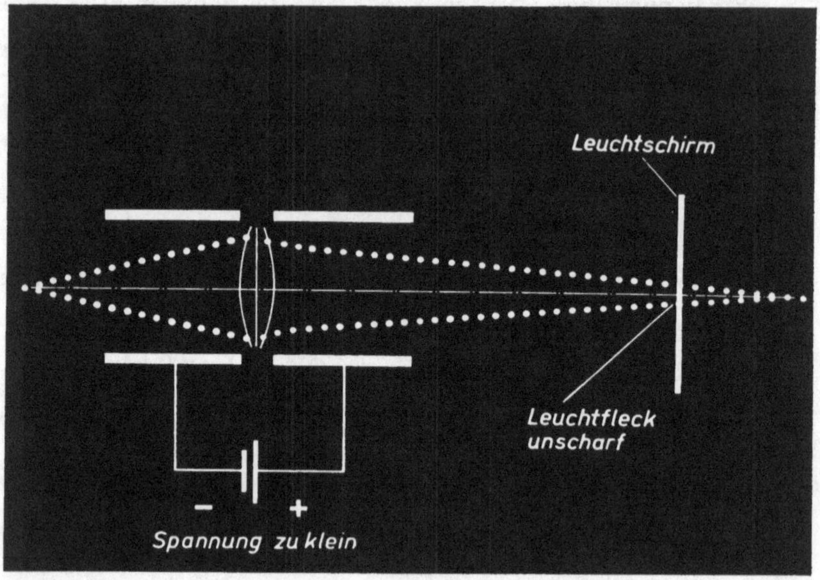
Leuchtschirm
Leuchtfleck
unscharf
−
+
Spannung zu klein

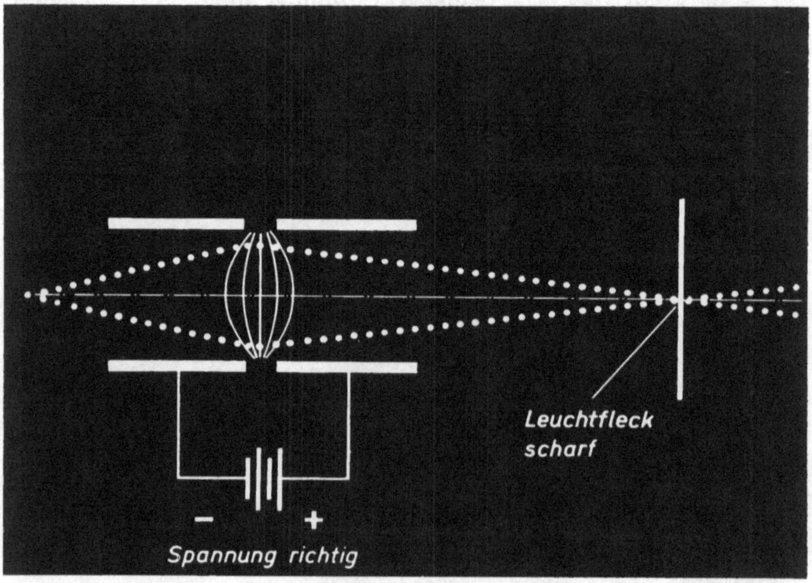
Leuchtfleck
scharf
−
+
Spannung richtig

15 Durch die Spannung zwischen den beiden Zylindern kann man die sammelnde Wirkung der elektrischen Linse regulieren. Ist die Spannung zu klein, so ist die Linse gewissermaßen flach und die Elektronenbahnen vereinigen sich erst in einer Entfernung, die größer ist als der Abstand des Leuchtschirmes, infolgedessen wird der Leuchtfleck unscharf.

16 Für einen bestimmten Abstand des Leuchtschirmes muß die Spannung zwischen den Zylindern, also die sammelnde Wirkung der elektrischen Linse so reguliert werden, daß die Elektronenbahnen sich genau auf dem Leuchtschirm treffen, dann entsteht dort als Leuchtfleck ein scharfer Punkt.

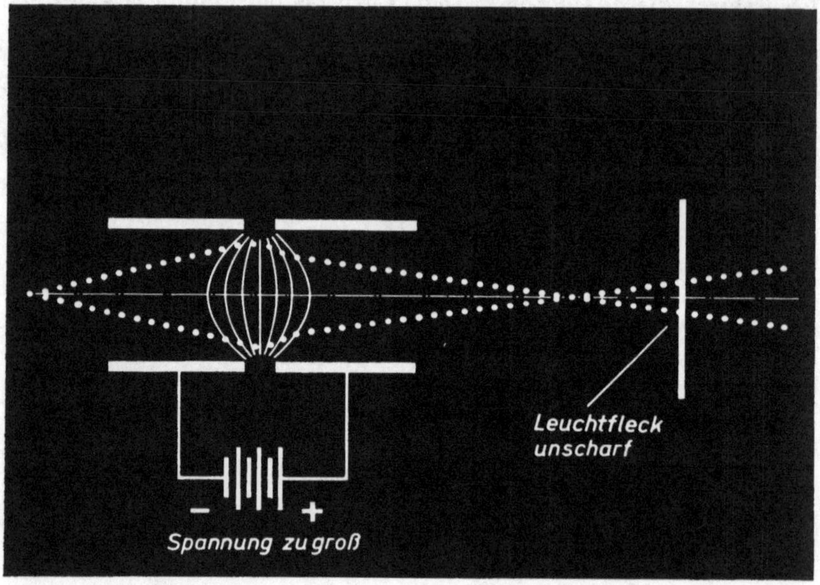
Leuchtfleck
unscharf
Spannung zu groß

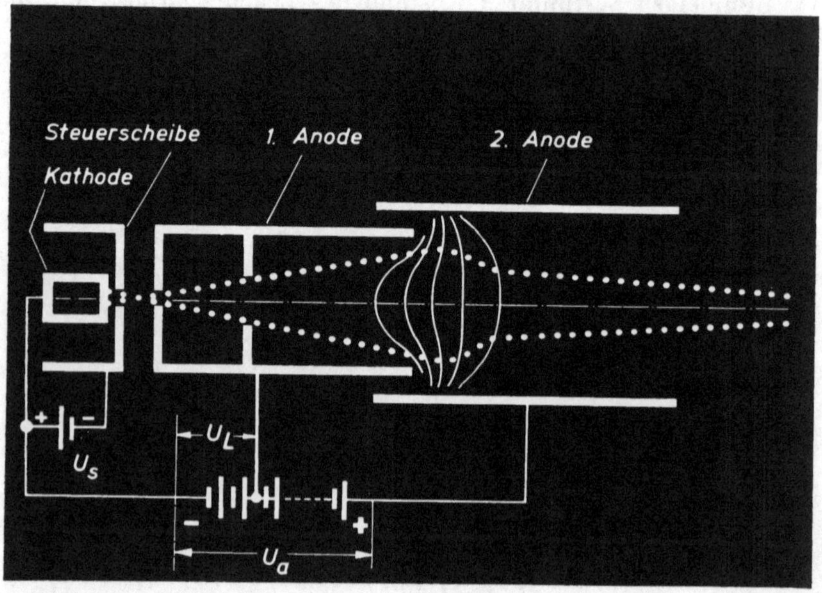
Steuerscheibe
1. Anode
2. Anode
Kathode
U_L
U_s
U_a

17 Wählt man die Spannung zwischen den Zylindern jedoch zu groß, so treffen sich die Elektronenbahnen schon vor dem Leuchtschirm und es entsteht infolgedessen wiederum ein unscharfer Leuchtfleck.

18 Die beiden Zylinder der elektrischen Sammellinse brauchen nicht gleich groß zu sein. Wichtig ist nur, daß die Spannung zwischen ihnen die richtige Größe besitzt. Dabei muß nun die Spannung des linken Zylinders immer noch positiv sein gegen die Kathode. Daraus folgt, daß man die Anode direkt mit dem linken Zylinder zusammenlegen und den rechten Zylinder der Linse, der ja eine viel höhere Spannung besitzt, außerdem auch als zweite Anode auffassen kann.

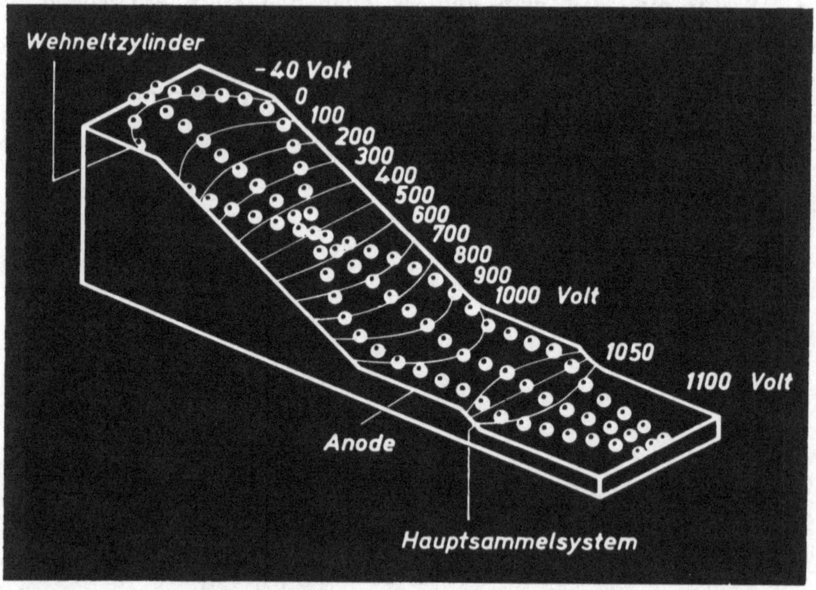
Wehneltzylinder
-40 Volt
0
100
200
300
400
500
600
700
800
900
1000 Volt
1050
1100 Volt
Anode
Hauptsammelsystem

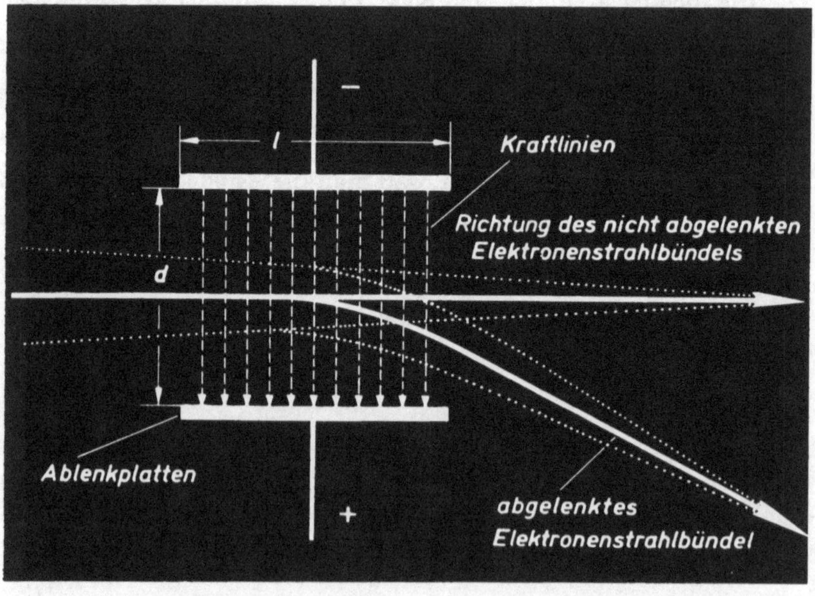
–
l
Kraftlinien
Richtung des nicht abgelenkten
Elektronenstrahlbündels
d
Ablenkplatten
+
abgelenktes
Elektronenstrahlbündel

19 Unser Bild von den auf einer geneigten, besonders geformten Bahn herabrollenden Kugeln können wir nun auf das ganze System anwenden. Aus der Kathode kommen die Kugeln heraus und rollen zunächst durch eine stark konkav gekrümmte Mulde, in welcher alle Bahnen sich in einem Punkte kreuzen. Dann rollen die Kugeln weiter auf einer fast ebenen geneigten Bahn bis zur Öffnung der Anode, durch diese hindurch immer noch auf geneigter Bahn bis zur Linse. Bis hierher laufen die Bahnen nun nach dem Kreuzpunkt gradlinig auseinander. Dann treffen sie an der Linse wiederum auf eine konkave Krümmung der Mulde und werden in dieser konzentriert. Die konkave Mulde wird flacher und geht allmählich in eine konvexe Krümmung über. Da aber die Bahnen schon stark gesammelt sind, werden sie auf dem konvexen Teil der Bahn nicht mehr zerstreut. Am Fuß dieser Rollbahn angelangt, rollen sie nun auf ebener Bahn mit gleichbleibender Richtung und Geschwindigkeit auf den Leuchtschirm zu.

20 Als Ablenkorgan dient ein Zweiplattenkondensator, in dem ein elektrisches Feld besteht. Da die Elektronen negative Ladungen sind, werden sie von der positiven Belegung des Kondensators angezogen. Die Anziehung ist im Bild 20 von oben nach unten gerichtet. Wird ein Elektron waagerecht in dieses Feld hineingeschossen, so fällt es also nach unten wie ein waagerecht geworfener Stein. Die Bahnkurve des Elektrons ist im Bild deshalb die gleiche wie die Wurfbahn des Steines. Sobald das Elektron das Feld verläßt, bewegt es sich in der Richtung und mit der Geschwindigkeit weiter, die es in diesem Augenblick besitzt. Das ganze Kondensatorfeld lenkt also das Strahlenbündel nach der Seite der positiven Spannung ab. Die Ablenkung ist nun offenbar um so größer, je höher die Plattenspannung U_p, je geringer der Plattenabstand ist und je länger die Elektronen in dem elektrischen Feld des Kondensators verweilen. Der Aufenthalt im Feld ist natürlich um so größer, je länger die Ausdehnung l der Kondensatorplatten ist.

Die Elektronen verweilen länger im Feld, wenn ihre Geschwindigkeit kleiner ist. Da die Geschwindigkeit nun aber von der Anodenspannung U_a abhängt, so können wir sagen, daß mit größerer Anodenspannung die Ablenkung verringert wird. Die Ablenkung wird also vergrößert mit der Plattenspannung U_p und mit der Plattenlänge l, sie wird verringert mit der Anodenspannung und mit dem Plattenabstand.

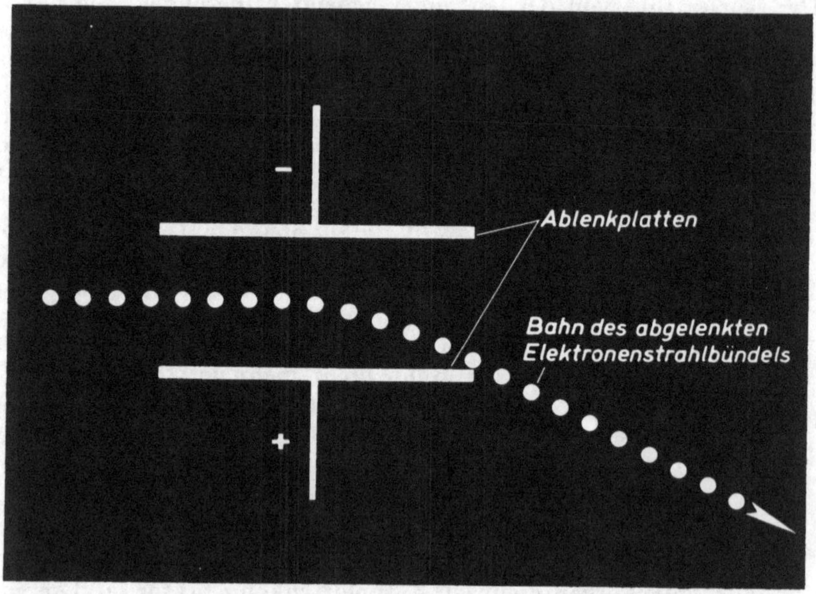

−
Ablenkplatten
Bahn des abgelenkten
Elektronenstrahlbündels
+

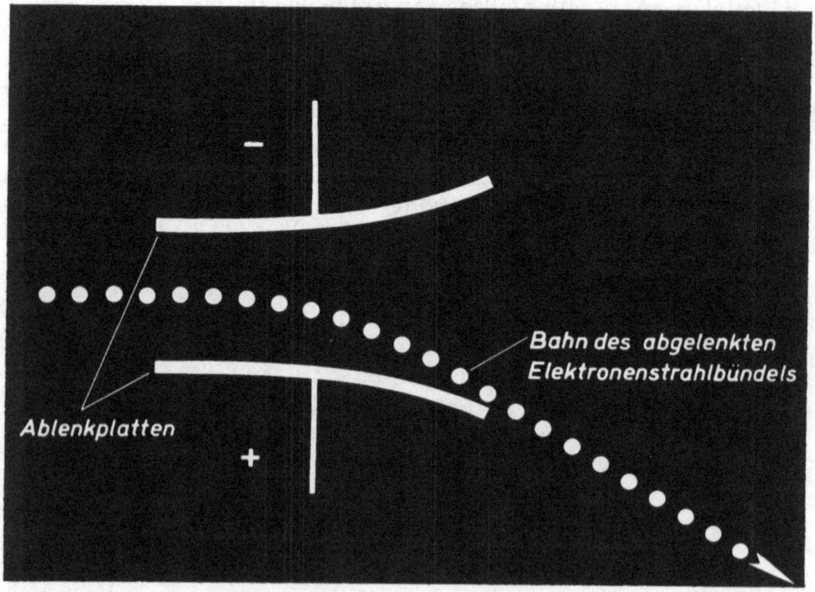

−
Bahn des abgelenkten
Elektronenstrahlbündels
Ablenkplatten
+

21 Nun kann man bei gegebenen Ablenkplatten die Ablenkung nicht beliebig vergrößern, weil der Strahl nicht durch die Kondensatorplatten selbst abgefangen werden darf. Die größtmögliche Ablenkung ist also durch die geometrische Form der Ablenkplatte gegeben.

22 Man kann aber die Ablenkung noch etwas vergrößern, wenn man die Ablenkplatten abschrägt.

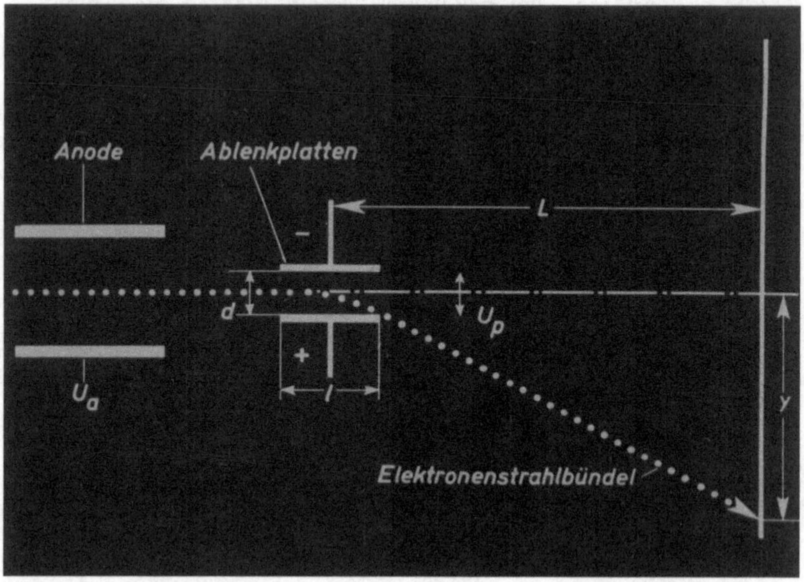
Anode
Ablenkplatten
L
−
d
U_p
+
U_a
l
y
Elektronenstrahlbündel

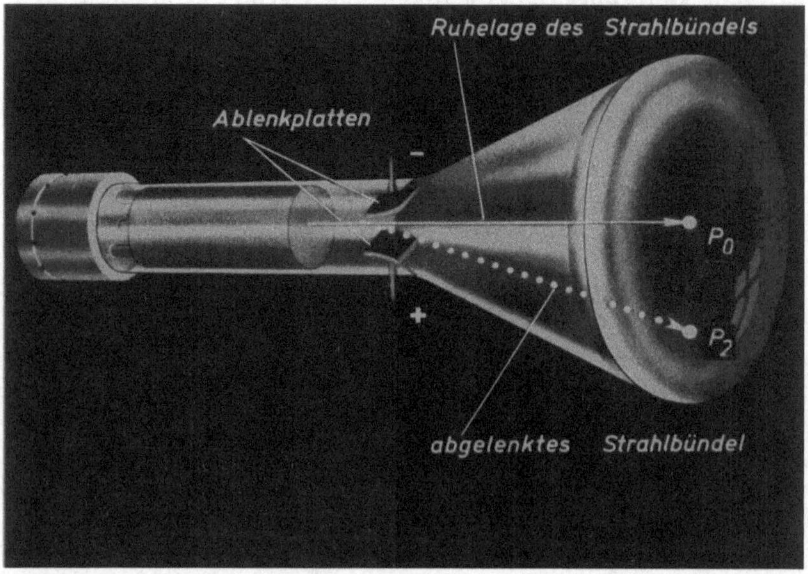
Ruhelage des Strahlbündels
Ablenkplatten
−
P_0
+
P_2
abgelenktes Strahlbündel

23 Von großer Bedeutung für die Kathodenstrahlröhre ist die Ablenkung des Leuchtfleckes, hierunter versteht man die Abweichung des Leuchtfleckes von der Ruhelage. In Bild 23 ist die Ablenkung mit y bezeichnet. Es ist klar, daß diese Ablenkung bei sonst gleichen Verhältnissen um so größer werden muß, je größer der Abstand des Leuchtschirmes von den Ablenkplatten ist. Wir können die Ablenkung des Leuchtfleckes durch eine Formel ausdrücken. Diese lautet:

$$y = \frac{l \, L \, U_p}{2 \, d \, U_a}$$

Aus dieser Formel können wir die Ablenkungsempfindlichkeit der Röhre berechnen, nämlich die Ablenkung von 1 Volt Ablenkspannung in mm, dann ist also in der Formel $U_p = 1$ zu setzen und die Ablenkempfindlichkeit ergibt sich zu:

$$\text{Ablenkempfindlichkeit} = \frac{l \, (\text{mm}) \, L \, (\text{mm})}{2 \cdot d \, (\text{mm}) \, U_a \, (\text{Volt})}$$

24 Je nach der Größe der Ablenkspannung wird also auch der Leuchtfleck mehr oder weniger abgelenkt. Befindet sich der Leuchtfleck im Ruhezustand in P_0, so wird er bei einer Ablenkspannung U_p zum Punkt P_2 abgelenkt. Hierbei ist die untere Kondensatorplatte positiv.

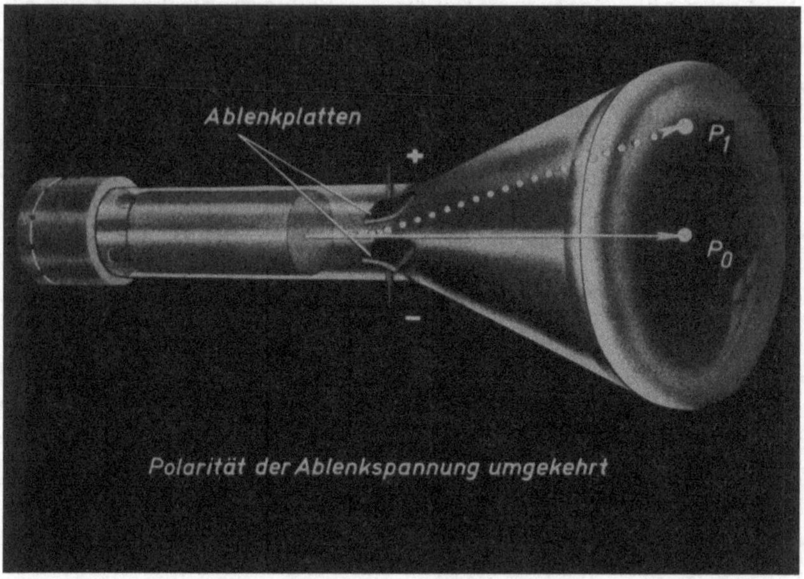
Ablenkplatten
+
P1
P0
–
Polarität der Ablenkspannung umgekehrt

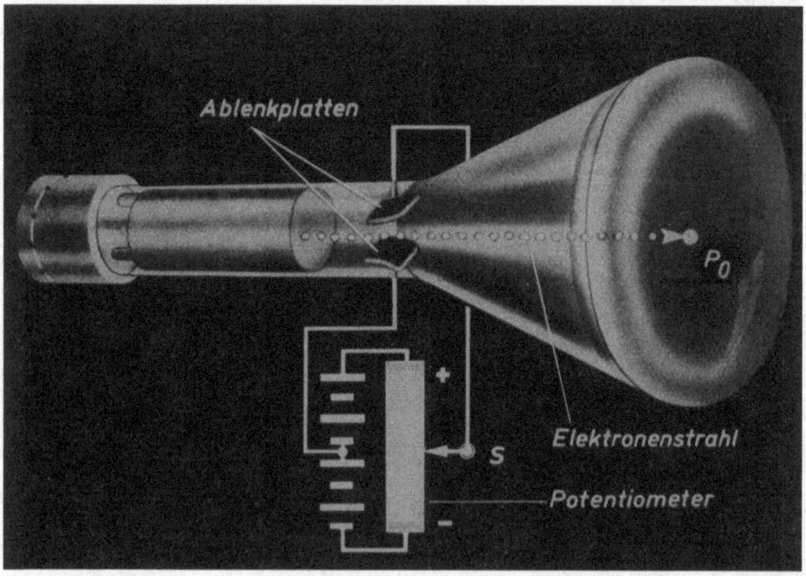
Ablenkplatten
P0
+
Elektronenstrahl
S
Potentiometer
–

25 Vertauscht man die Polarität der Ablenkspannung an den Ablenkplatten, so wird der Leuchtfleck nach oben abgelenkt. Je nach der Größe der Spannung kann man nun eine größere oder kleinere Ablenkung erzielen und je nach der Polarität kann man die Ablenkung nach oben oder unten richten.

26 Wir stellen uns nun eine veränderliche Plattenspannung folgendermaßen her. Wir verbinden die untere Platte mit dem elektrischen Mittelpunkt einer Batterie, die wir über ein Potentiometer S schließen. Auf diesem Potentiometer lassen wir einen Kontakt gleiten, der mit der anderen Kondensatorplatte verbunden ist. Steht dieser Gleitkontakt in der Mitte des Potentiometers, so verschwindet die Spannung am Kondensator. Steht der Gleitkontakt oben, so liegt eine positive Spannung an der oberen Platte gegen die untere, und wenn wir den Gleitkontakt nach unten verschieben, so ist die Spannung der oberen Platte negativ gegen die untere. In Abbildung 26 steht der Kontakt gerade in der Mitte. Die Ablenkplatten sind spannungslos und der Leuchtfleck steht im Ruhepunkt P_0.

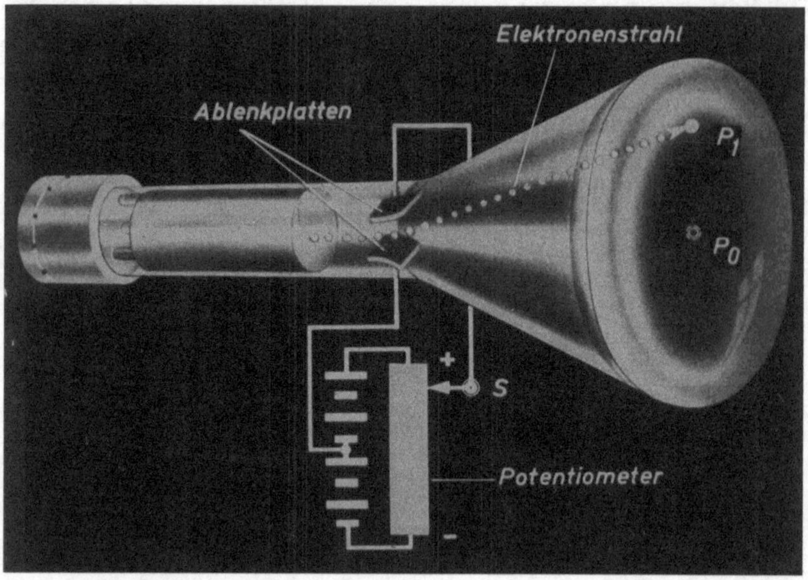
Elektronenstrahl
Ablenkplatten
P1
P0
+
S
Potentiometer
-

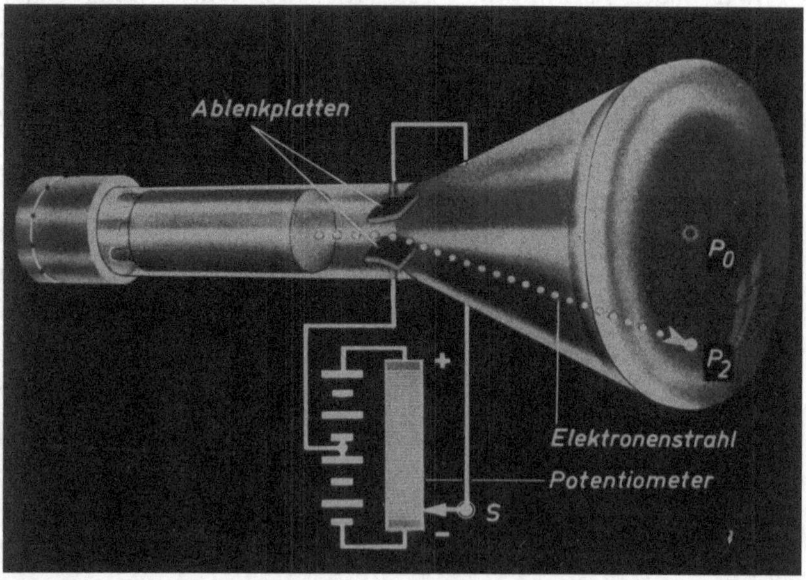
Ablenkplatten
P0
P2
+
Elektronenstrahl
Potentiometer
S
-

27 Wir verschieben nunmehr den Kontakt nach oben. Damit wandert auch der Leuchtfleck nach oben, denn die obere Platte wird positiv.

28 Verschieben wir den Kontakt nach unten, so verschiebt sich auch der Leuchtfleck nach unten zum Punkt P_2 und jetzt wird die obere Platte negativ, also die untere positiv.

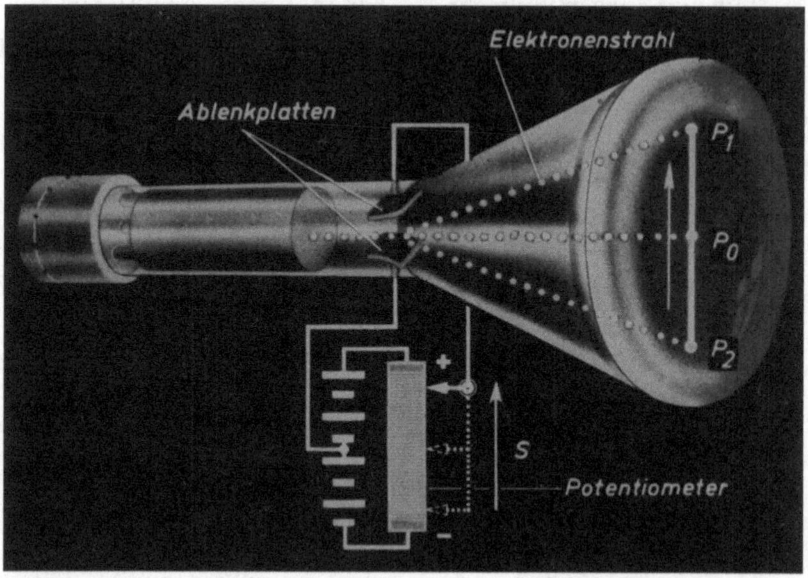
Elektronenstrahl
Ablenkplatten
P_1
P_0
P_2
+
S
Potentiometer
−

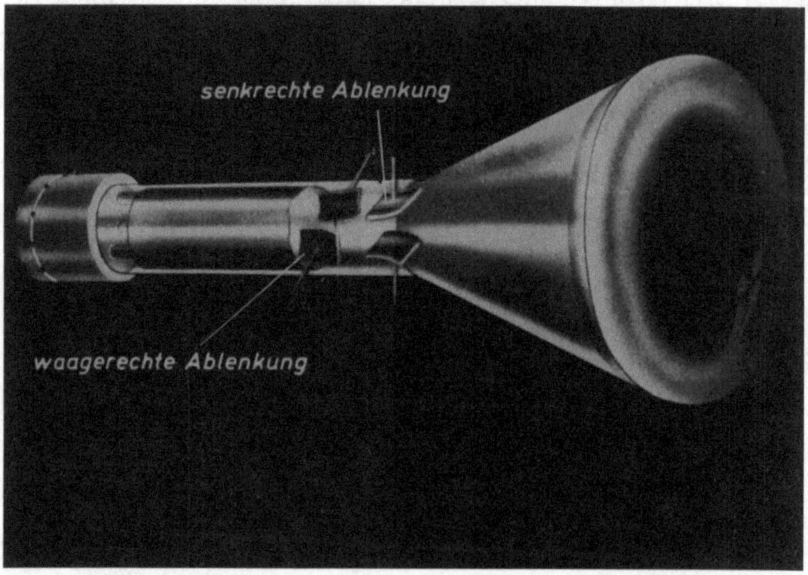
senkrechte Ablenkung
waagerechte Ablenkung

29 Verschieben wir den Kontakt von der unteren Grenzlage in die obere, dann beschreibt der Leuchtfleck auf dem Leuchtschirm eine von unten nach oben gerichtete Bahn P_1 P_2, die wir auch als leuchtenden Strich sehen können, wenn wir die Schiebebewegung nur schnell genug vornehmen, so daß das Bild auf dem Leuchtschirm genügend lange nachleuchtet. Wir erkennen, daß wir mit Hilfe unseres Potentiometers S den Leuchtfleck auf jeden Punkt der Geraden P_1 P_2 verschieben können, wenn wir nur die Spannung richtig wählen.

30 Die Braunsche Röhre besitzt aber noch ein zweites Ablenkpaar, welches senkrecht zum ersten angeordnet ist.

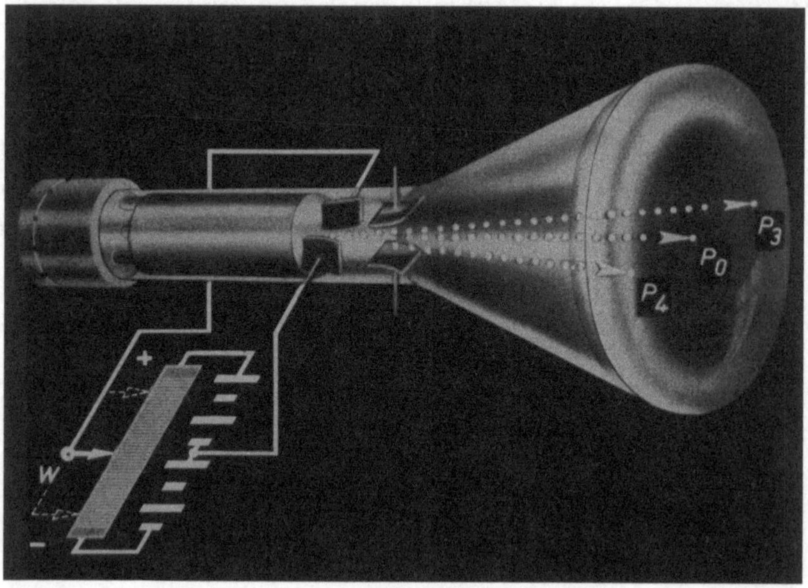

P3
P0
P4
+
W
-

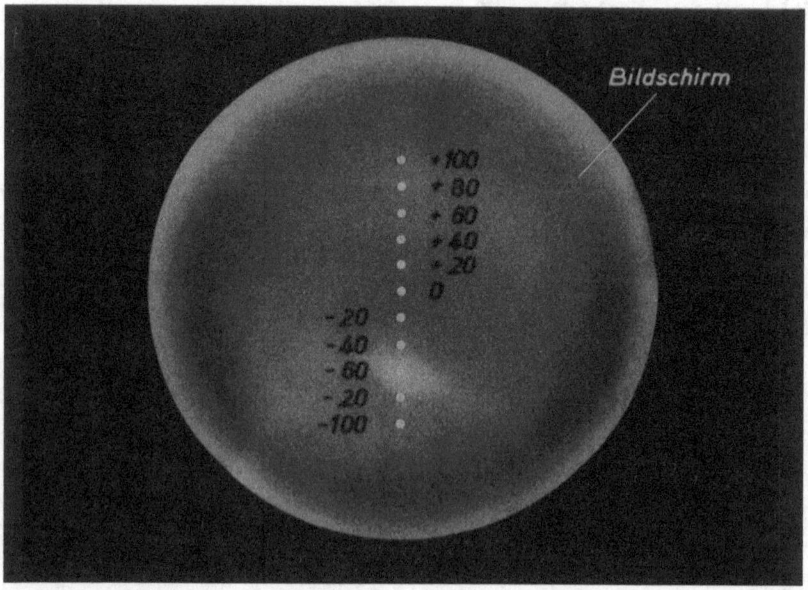

Bildschirm
+100
+80
+60
+40
+20
0
-20
-40
-60
-20
-100

31 Durch dieses Plattenpaar kann das Elektronenstrahlbündel in waagerechter Richtung abgelenkt werden. Wir bauen uns wieder eine Batterie mit einem Potentiometer W zusammen, verbinden die elektrische Mitte der Batterie mit der linken Platte, den Gleitkontakt des Potentiometers mit der rechten und verschieben nunmehr mit dem Gleitkontakt auch die Spannung an den Kondensatorplatten. Steht der Gleitkontakt in der Mitte, so liegt der Leuchtfleck in P_0. Verschieben wir den Kontakt im Bild nach vorn, so wird die vordere Platte positiv, der Strahl wird nach vorn abgelenkt oder nach links, wenn wir den Leuchtschirm betrachten, bis zum Punkt P_4. Verschieben wir den Kontakt jedoch nach rechts, dann wird die rechte Platte positiv und der Strahl wird nach rechts abgelenkt. (Punkt P_3). Wenn wir die Bewegung schnell ausführen, dann entsteht wiederum ein waagerechter leuchtender Strich. Jeder Punkt dieses Striches entspricht einer Potentiometerschieberstellung.

32 Betrachten wir das Bild auf dem Leuchtschirm, so liegt der Leuchtfleck im Mittelpunkt, wenn keine Spannungen an den Ablenkplatten liegen. Ist die waagerechte Ablenkung Null, so entspricht jeder senkrechten Ablenkspannung ein Punkt der Mittelsenkrechten.

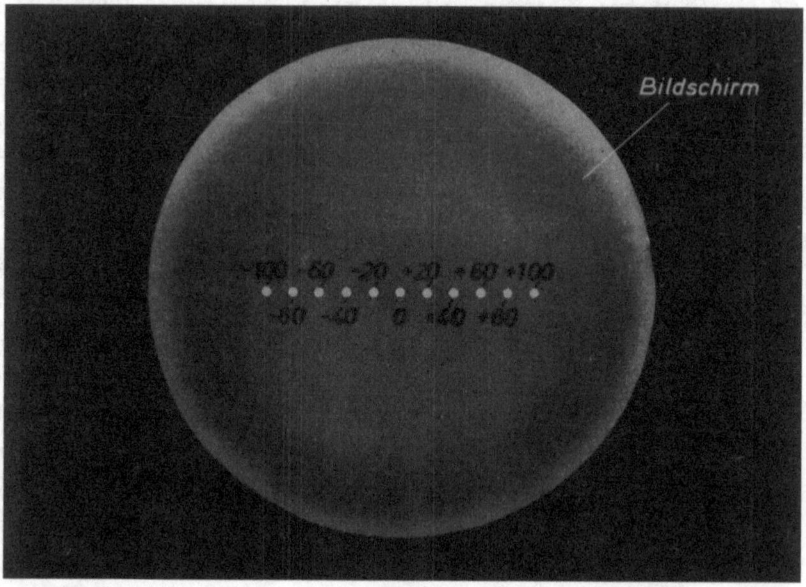
Bildschirm
-100 -60 -20 +20 +60 +100

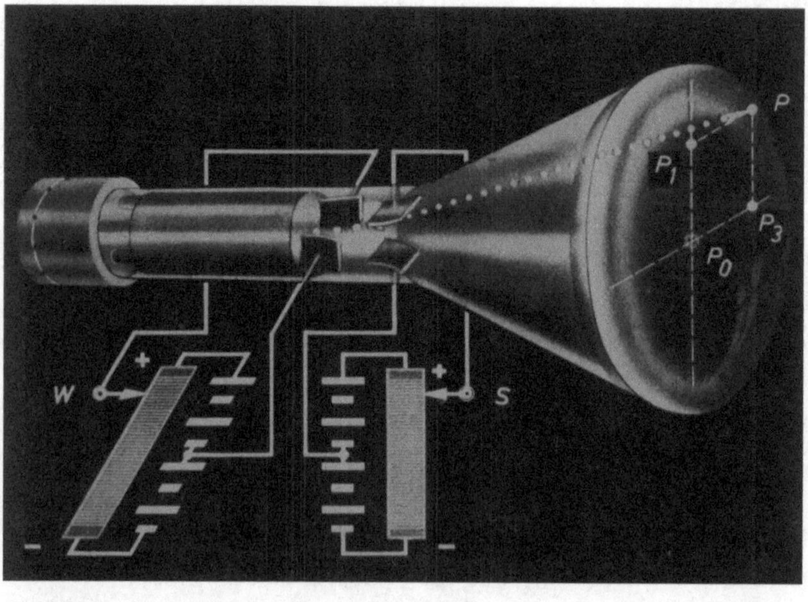
P
P_1
P_3
P_0
W
S
+
+
–
–

33 Ist die senkrechte Ablenkspannung Null, so entspricht jeder waagerechten Ablenkspannung ein Punkt der Mittelwaagerechten.

34 Mit Hilfe der beiden senkrecht zueinander angeordneten Ablenkplattenpaare können wir also den Leuchtfleck sowohl in der senkrechten als auch in der waagerechten Richtung ablenken. Beide Ablenkungen können nun gleichzeitig erfolgen. Mit dem Potentiometerschieber S stellen wir die senkrechte Ablenkung ein, mit dem Potentiometerschieber W die waagerechte. Wenn wir mit dem Schieber S positive Spannungen einstellen, so wird von dem Schirm der Leuchtfleck mit P_1 zusammenfallen. Stellen wir mit dem Schieber W positive Spannungen ein, so würde der Leuchtfleck nach P_3 abgelenkt werden. Nun kann man diese Einstellungen nacheinander oder auch sogar gleichzeitig vornehmen und wird dann die Ablenkungen sowohl nach oben als auch nach der Seite erzielen.
Der Leuchtfleck wird dann in den Punkt P verlagert.

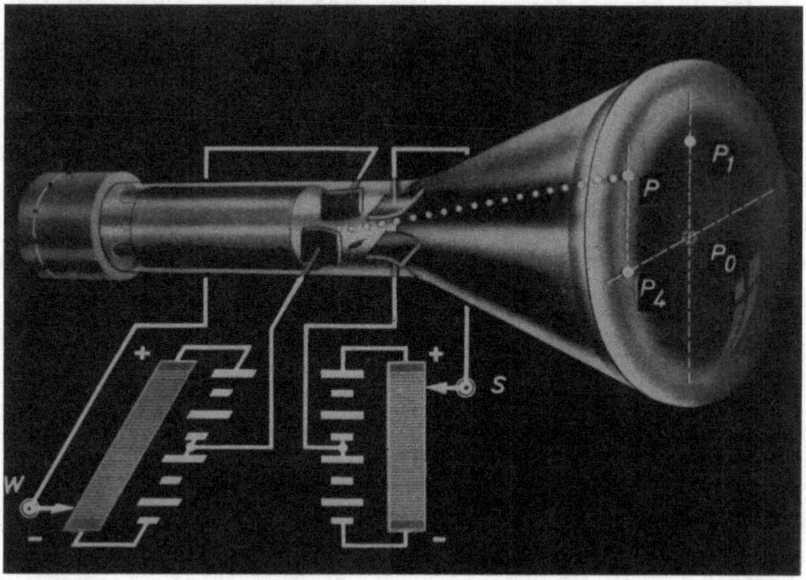
P1
P
P0
P4
+
+
S
W
−
−

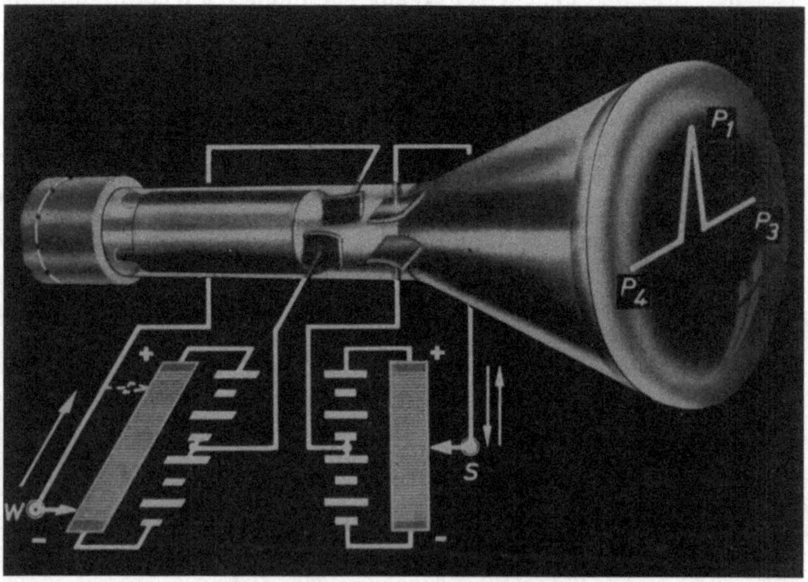
P1
P3
P4
+
+
S
W
−
−

35 Behält man die Anordnung von Bild 34 bei, stellt jedoch den Schieber des Potentiometers W nach links, so wird der Leuchtfleck P nach links und nach oben abgelenkt.

36 Man ist in der Lage, durch Betätigung der beiden Potentiometer den Leuchtfleck an jeden Punkt des Bildschirmes zu verlagern. Dabei kann man nun, wenn man die beiden Schieberbewegungen schnell genug ausführt, mit dem Leuchtfleck auf dem Leuchtschirm jede beliebige Kurve schreiben. Wir wollen einige solcher Kurven aufzeichnen. Bewegen wir den Schieber W von links nach rechts, so entsteht auf dem Leuchtschirm die waagerechte Gerade $P_4\,P_3$. Wenn man nun, sobald sich der Leuchtfleck dem Mittelpunkt des Schirmes nähert, den Schieber S von der Mitte ganz schnell nach oben und dann wieder zur Mitte bewegt, so folgt der Leuchtfleck auch dieser Bewegung, d. h. er bewegt sich von der Mittelwaagerechten zum Punkt P_1 und wieder zur Mittelwaagerechten zurück, beschreibt also auf dem Leuchtschirm eine Zacke nach oben.

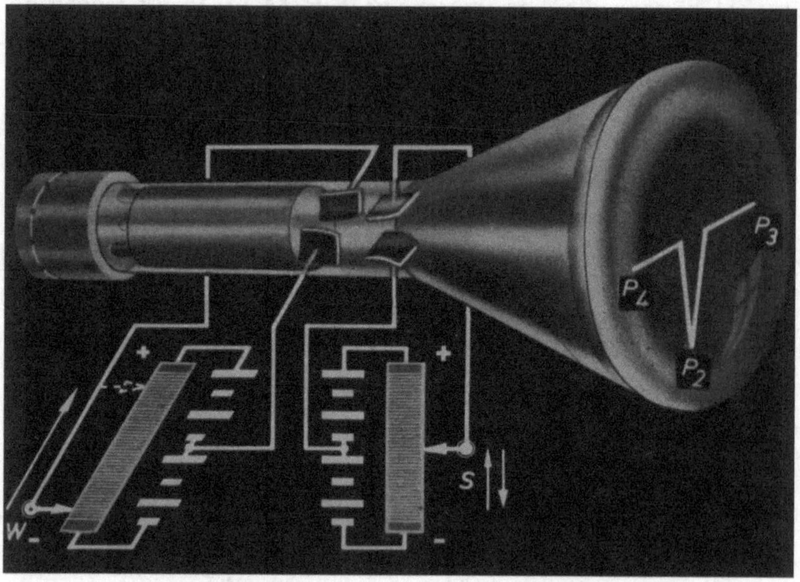
P4
P3
P2
+
+
S
W
-
-

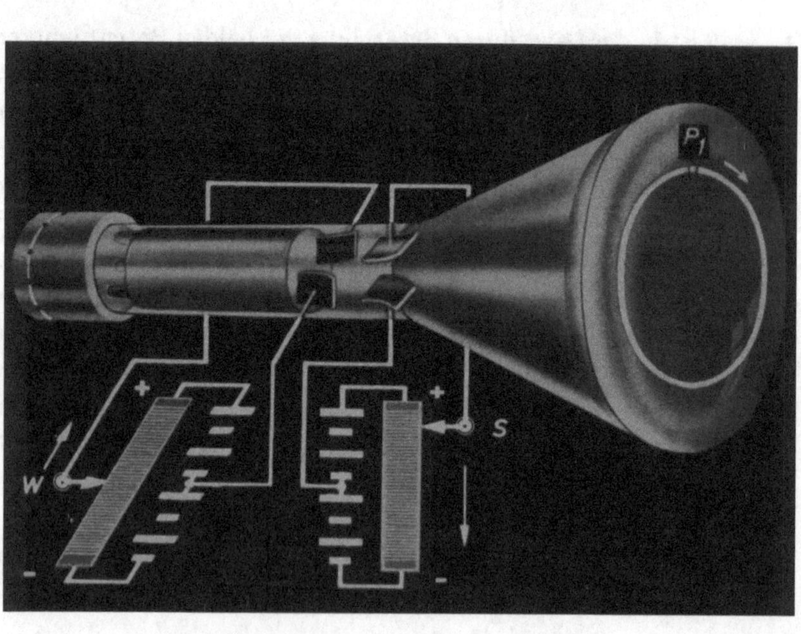
P1
+
+
S
W
-
-

37 Die Zacke können wir auch nach unten schreiben lassen, wenn wir während der Schieberbewegung von W nach links nach rechts einmal ganz schnell mit dem Schieber S von der Mitte nach unten und wieder zurückgehen.

38 Eine besonders einfache und wichtige Kurve ist der Kreis. Auch einen Kreis können wir mit dem Leuchtfleck auf dem Leuchtschirm beschreiben, wenn wir nur die Bewegung der Schieber auf dem Potentiometer richtig ausführen. Wir beginnen mit dem Punkt P_1 indem wir den Schieber W auf Mittelstellung bringen, den Schieber S nach oben. Soll sich der Leuchtfleck nun auf einem Kreis bewegen, so muß er gleichzeitig nach rechts und nach unten wandern. Wir müssen also mit dem Schieber W nach rechts und gleichzeitig mit dem Schieber S nach unten gehen.

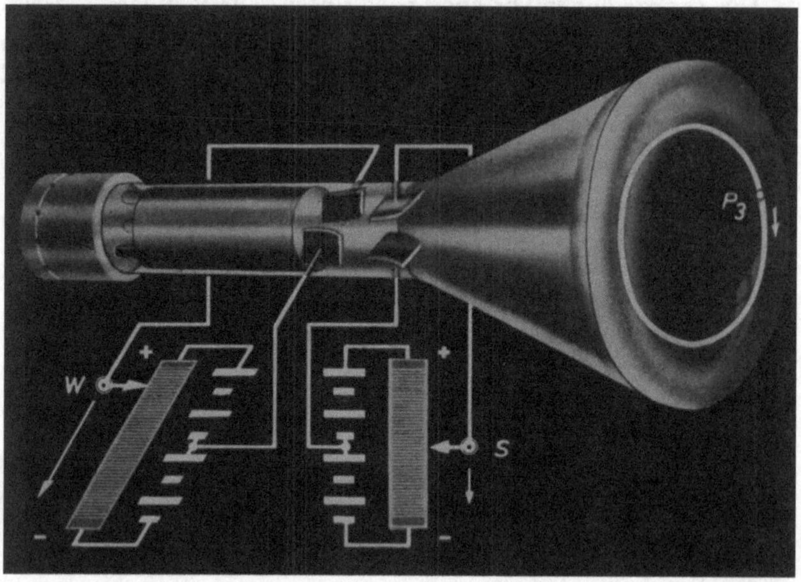
P3
W
S
+
+
-
-

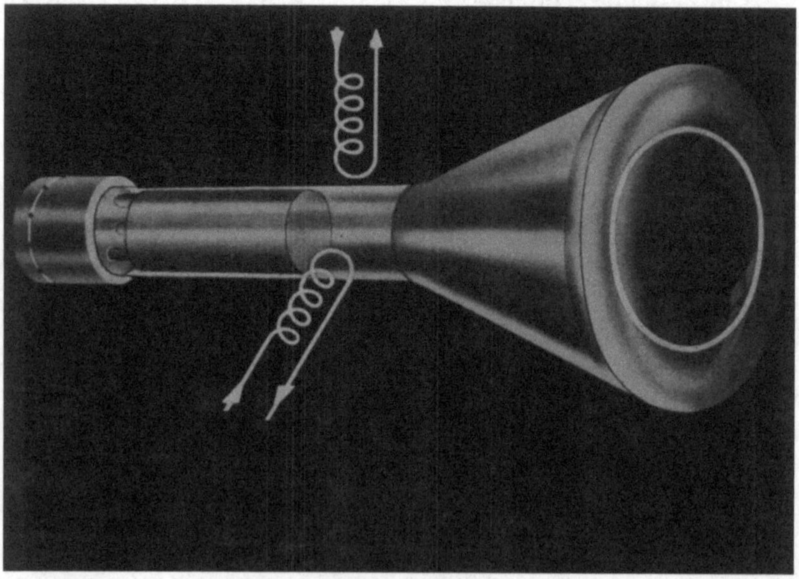

39 Sobald der Schieber S die Mittellage erreicht hat, muß der Schieber W die rechte Endlage einnehmen. Dann liegt der Leuchtfleck in Punkt P_3. Von nun an bewegt er sich nach links und gleichzeitig nach unten. Das heißt also, der Schieber W muß von der rechten Endlage zur Mitte bewegt werden, der Schieber S von der Mitte nach unten. Wenn man dieses Verfahren fortsetzt, so läuft der Leuchtfleck auf einem Kreis.

40 In einzelnen Fällen lenkt man nun den Elektronenstrahl nicht durch Kondensatorplatten ab, sondern durch Spulen. Eine Spule stellt ja einen Magneten dar, und ein Magnet lenkt einen elektrischen Strom ab. Ein Elektronenstrahl ist nichts anderes als ein elektrischer Strom, wird also auch durch einen Magneten abgelenkt. Man braucht nun eine senkrechte und waagerechte Ablenkung und diese erreicht man durch zwei Spulen, die senkrecht zueinander und senkrecht zum Elektronenstrahl außerhalb der Röhre angeordnet sind. Die Ablenkung hängt von der Stärke der Magneten ab und damit von der Stärke der die Spulen durchfließenden Ströme. Man kann also durch die beiden Spulenströme jede beliebige Ablenkung erzielen und damit den Leuchtfleck auf jeden Punkt des Bildschirmes bringen. Durch gleichzeitige Änderung der beiden Spulenströme gelingt es dann genau so wie mit den Ablenkplatten, den Leuchtfleck auf dem Schirm einen Kreis beschreiben zu lassen. Dies ist die wichtigste Anwendung der Ablenkspulen.

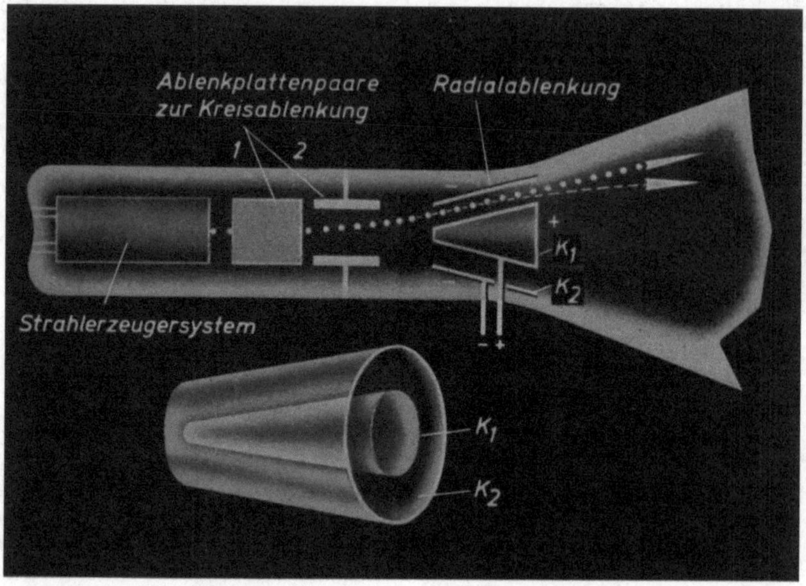

Ablenkplattenpaare
zur Kreisablenkung
Radialablenkung
1
2
+
K_1
K_2
Strahlerzeugersystem
− +
K_1
K_2

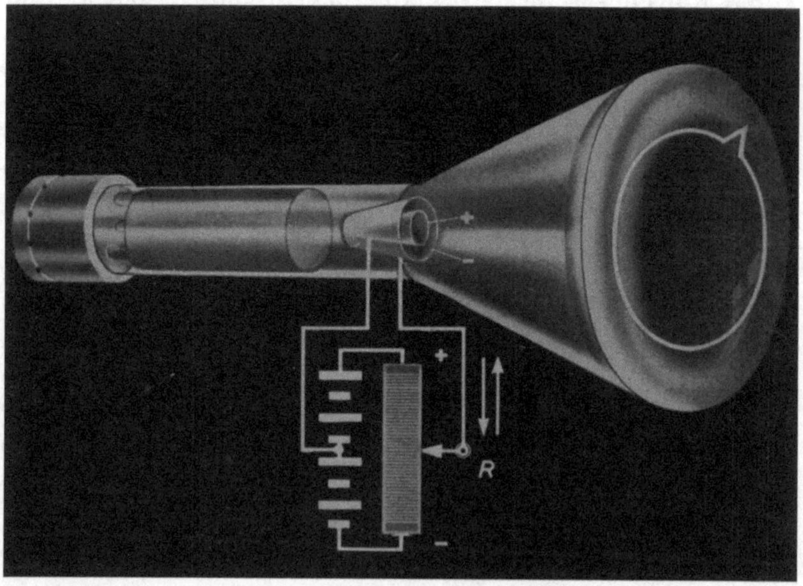

+
−
+
R
−

41 Wenn der Leuchtfleck auf dem Leuchtschirm einen Kreis durchläuft, sei es nun durch geeignete Regulierung der Spannung an den Ablenkplatten oder durch entsprechende Regulierung der Ströme an den Ablenkspulen, dann wird der Elektronenstrahl einen Kegelmantel beschreiben. Nun kann man in der Röhre noch ein weiteres Ablenkorgan einsetzen, nämlich einen kegelförmigen Kondensator, der so gestaltet ist, daß der kegelmantelförmige Elektronenstrahl ungehindert zwischen den Belegungen hindurchtreten kann.

42 Legt man nun Spannungen an diesen Kegelkondensator, so wird damit der Elektronenstrahl wiederum abgelenkt, und zwar entweder in der Richtung auf den Mittelpunkt des Leuchtschirmes oder aber von diesem fort, also jedenfalls in der Richtung des Radius, deshalb nennt man diese Ablenkung auch Radialablenkung. Wir wollen einen solchen Ablenkfall betrachten. Der Elektronenstrahl beschreibt auf dem Leuchtschirm einen Kreis. Die eine Belegung des Kegelkondensators verbinden wir mit der elektrischen Mitte einer Batterie, die andere mit einem Schieber R, der auf einem an der Batterie liegenden Potentiometer gleitet. Ist die Spannung an dem Kegelkondensator Null, so wird der Kreis unverändert bleiben. Fährt man aber nun mit dem Schieber plötzlich der Mitte nach oben und schnell wieder zurück zur Mitte, so wird die äußere Belegung kurze Zeit positiv und es entsteht auf dem Kreis eine Zacke, die vom Mittelpunkt fortweist.

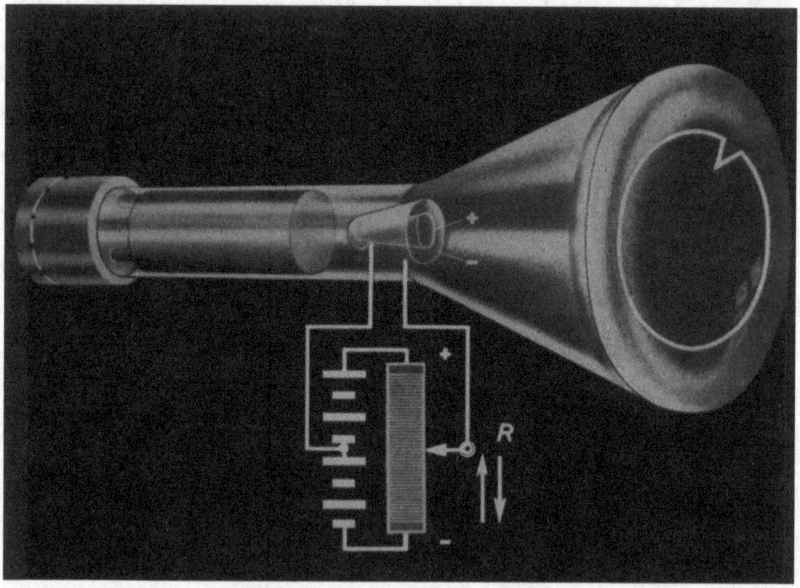
R

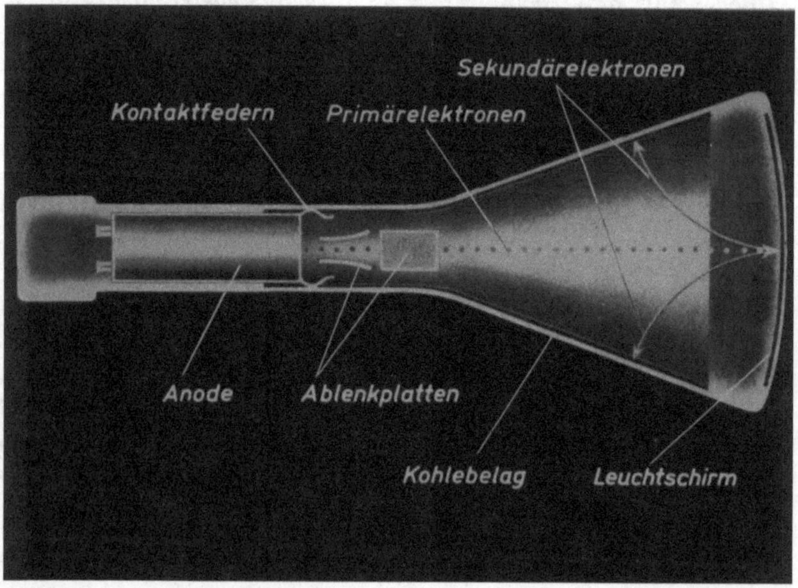
Sekundärelektronen
Kontaktfedern
Primärelektronen
Anode
Ablenkplatten
Kohlebelag
Leuchtschirm

43 Bewegt sich der Schieber in derselben Weise nach unten und wieder zurück, so wird die äußere Belegung des Kegelkondensators negativ und der Kreis bekommt eine Zacke nach der Mitte zu. Diese beiden Bilder sind also zu vergleichen mit den Bildern 36 und 37.

44 Bei der praktischen Herstellung der Röhre ist noch folgendes zu beachten. Durch den Aufprall der Elektronen auf dem Leuchtschirm werden dort Sekundär-Elektronen ausgelöst, die von dem Leuchtschirm fortfliegen und auf einem Kohlebelag an der Innenwand der Röhre aufgefangen werden. Dieser Kohlebelag wird mit der Anode verbunden.

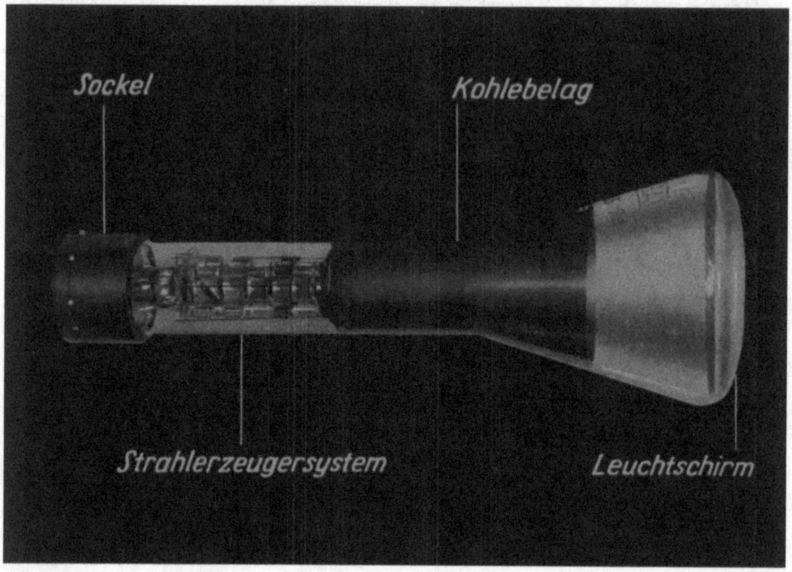
Sockel
Kohlebelag
Strahlerzeugersystem
Leuchtschirm

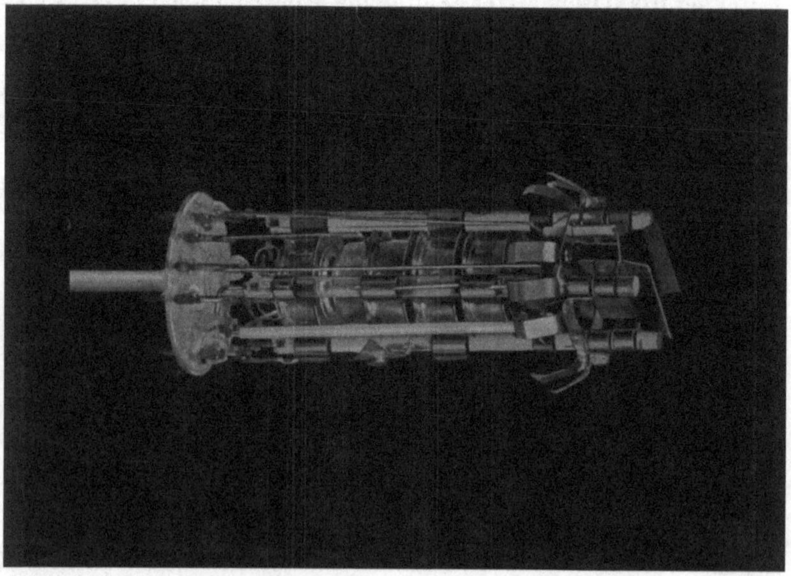

45 Eine normale Röhre mit Kohlebelag und einem mehrfach elektrischen Linsensystem als Hauptsammelsystem zeigt Bild 45.

46 Der Röhrenkolben ist entfernt, man sieht das Strahlerzeugungssystem, welches wiederum aus mehreren elektrischen Linsen besteht, mit den abgeknickten Ablenkplatten. Die Zuführungen zu den Ablenkplatten sind durch den Sockel der Röhre nach außen geführt.

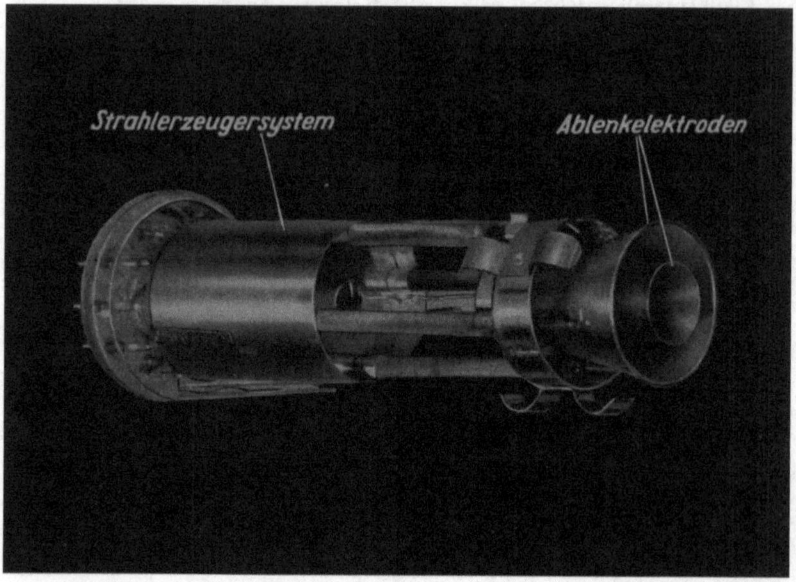
Strahlerzeugersystem
Ablenkelektroden

47 Hier ist eine Röhre mit Kegelkondensator für Radialablenkung zu sehen. Dieses System enthält sonst keine Ablenkplatten. Die Kreisablenkung wird durch Ablenkspulen besorgt.

48 Zeigt eine Röhre mit Radialablenkung, bei der eine Skala kreisförmig angebracht ist, von welcher abgelesen werden kann, an welcher Stelle auf dem Kreis eine Zacke entsteht.

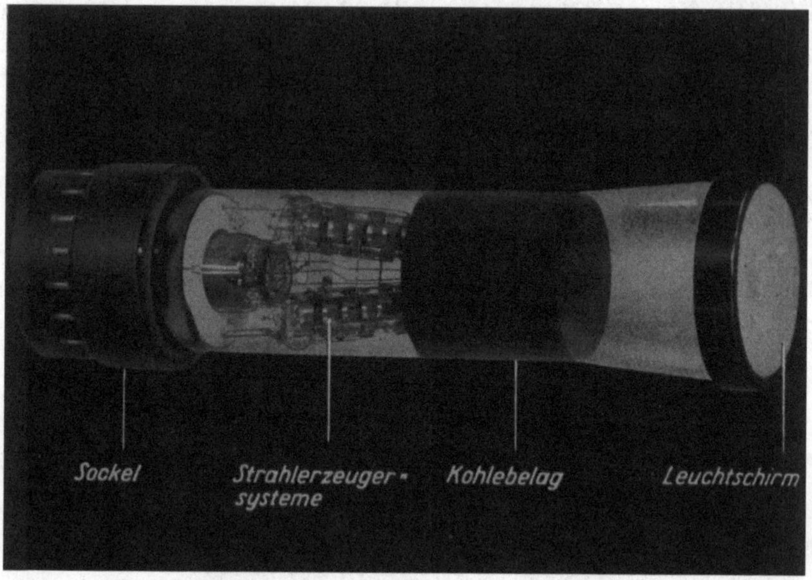
Sockel
Strahlerzeuger-
systeme
Kohlebelag
Leuchtschirm

49 Für manche Zwecke ist es vorteilhaft, gleich zwei Kathodenstrahlröhren in einen einzigen Kolben einzubauen. Die Abbildung zeigt eine solche Röhre, in der die beiden Strahlerzeuger wiederum mit elektrischen Mehrfachlinsen zu sehen sind. Solche Röhren können dazu dienen, gleichzeitig zwei verschiedene Kurven auf dem Leuchtschirm aufzuzeichnen.

C 1449

Kolibri 360 GmbH
Ferdinand-Jühlke-Straße 7
99095 Erfurt, Deutschland
produktsicherheit@kolibri360.de